中国传统插花系列教程

ZHONGGUO CHUANTONG CHAHUA XILIE JIAOCHENG

王莲英 主编

研习初级

中国林业出版社
China Forestry Publishing House

图书在版编目（CIP）数据

中国传统插花系列教程：研习初级／王莲英主编.
－－北京：中国林业出版社，2012.4（2020.8重印）
ISBN 978-7-5038-6538-1

Ⅰ.①中… Ⅱ.①王… Ⅲ.①插花－装饰美术－教材
Ⅳ.①J525.1

中国版本图书馆CIP数据核字（2012）第057761号

出　版	中国林业出版社（100009　北京西城区德内大街刘海胡同7号）https://www.forestry.gov.cn/lycb.html
电　话	(010) 8314 3562
发　行	新华书店北京发行所
印　刷	河北京平诚乾印刷有限公司
版　次	2012年5月第1版
印　次	2020年8月第5次
开　本	140mm×210mm
印　张	2
字　数	50千字
定　价	38.00元

前 言

在世界插花艺坛上，中国是东方式插花艺术的起源国，中国传统插花是东方式插花艺术的代表之一，它不仅有近3000年的悠久历史，而且具有独特的插花理念与审美情趣，更有系统的插花艺术理论体系与颇具当今环保生态意义的精良技巧，曾为中国和世界插花艺术做出过重要贡献。这大概就是它能进入国家级非物质文化遗产名录的缘故吧。那么，将其进一步地挖掘和广泛地传播、传承，是国家的历史使命，更是我们义不容辞的职责，这正是我们着手编辑出版本教程的目的之一。

我们希望在通过各类展演形式进行宣传与推广传统插花的同时，通过开展培训教育，以开门教学的方式，进行系统、规范的传授理论与技艺，迅速扩大师资队伍，推动中国传统插花艺术的传承与普及，为中国现代插花的发展奠定稳固的基础。这成为当前中国插花花艺界的首要任务。

北京插花艺术研究会的同仁们，在25年来对中国传统插花坚持不懈地钻研与学习的过程中，感悟颇多，收益巨大，也积累了一些经验，愿意也应当通过编著本系列教程进行总结、梳理与提炼，与大家切磋、交流，共同分享与提高，从而推动中国现代插花与花艺的发展。

开办系统的中国传统插花规范教学，在我国尚属首次，前无借鉴，尤其是面对当今世界文化艺术相互冲撞、相互融合的形势下，中国插花尚未扎稳脚跟，中国鲜切花市场洋花占据强势，在本土花材特别是木本花材尚未市场化的前提下，开展中国传统插花教学举步维艰、困难重重，但是时间不等人，不进则退，顶着压力也要上，只要坚持努力与争取就有希望、有光明，所以我们鼓足勇气，编写出版本套中国传统插花系列教程，即研习班（初级、中级、高级）、研究生班（初级、中级、高级）、教师班三大级别教材，供大家学习参考。

本套教程着眼当今插花艺坛中较普遍存在重实操、重技巧、轻理论的现象，努力加强理论的论述，讲明原因与道理，以增强实操中的理论思维，因此，图文并茂、理论性强成为本教程特点之一；选用草本商品花材为主，探讨创作富有中国传统插花自然美、线条美、意境美及整体美的风韵与特点，当是本教程特点之二；全套教程示范作品的实操、分解图均由本会骨干成员完成，也算是特点之三。

参与本教程撰稿与实操人员的有王莲英、秦魁杰、郑青、谢晓荣、梁勤璋、张超、秦雷、张燕，毕竟我们经验有限，感悟不深，权当抛砖引玉，希望读者指出错误并提出宝贵意见。

编者
2012年1月

目　录

第一章　中国传统插花概述 ········ 01
第一节　概念 ········ 01
一、中国插花及其类别 ········ 07
二、中国传统插花简要概述 ········ 010
三、学习中国传统插花的要点 ········ 013
第二节　中国传统插花构成要素 ········ 014
一、花材的地位与作用 ········ 014
二、容器的地位与作用 ········ 017
三、几架与配件的地位与作用 ········ 019

第二章　中国传统插花的基本构图形式 ········ 022
第一节　概述 ········ 022
一、构图的意义与作用 ········ 022
二、构图的基本要素 ········ 023
第二节　基本构图形式 ········ 025
一、规整式几何形构图形式 ········ 025
二、自然式非几何形构图形式 ········ 029
第三节　构图形式的比例与尺度 ········ 032
一、确定比例与尺度的依据 ········ 033
二、插花作品比例与尺度的确定 ········ 034

第三章　基本构图形式示范 ········ 036
第一节　花材的选用 ········ 036
一、木本花材的选用与特点 ········ 036
二、草本花材在传统插花中的应用 ········ 037
第二节　中国传统插花插制要点 ········ 041
一、形式自然 ········ 041
二、重形尚意 ········ 041
三、"起把宜紧，瓶口宜清" ········ 042
第三节　直立式构图形式的插制 ········ 042
一、适宜的花材与容器 ········ 042
二、插制要点 ········ 043
三、插制步骤 ········ 044
第四节　倾斜式构图形式的插制 ········ 045

一、适宜的花材和容器·················045
　　　二、插制要点·····················045
　　　三、插制步骤·····················046
　第五节　水平式构图形式的插制···············047
　　　一、适宜的花材和容器·················047
　　　二、插制要点·····················047
　　　三、插制步骤·····················048
　第六节　下垂式构图形式的插制···············049
　　　一、适宜的花材和容器·················049
　　　二、插制要点·····················050
　　　三、插制步骤·····················050

第四章　基本构图形式在六大容器中的应用···············052
　第一节　在盘中的应用——盘花···············052
　　　一、盘花概述·····················052
　　　二、盘花插制要点···················053
　　　三、盘花赏析·····················054
　第二节　在瓶中的应用——瓶花···············055
　　　一、瓶花概述·····················055
　　　二、瓶花插制要点···················055
　　　三、瓶花赏析·····················057
　第三节　在篮中的应用——篮花···············057
　　　一、篮花概述·····················057
　　　二、篮花插制要点···················057
　　　三、篮花赏析·····················059
　第四节　在缸中的应用——缸花···············059
　　　一、缸花概述·····················059
　　　二、缸花插制要点···················059
　　　三、缸花赏析·····················059
　第五节　在碗中的应用——碗花···············060
　　　一、碗花概述·····················060
　　　二、碗花插制要点···················060
　　　三、碗花赏析·····················061
　第六节　在筒中的应用——筒花···············061
　　　一、筒花概述·····················061
　　　二、筒花插制要点···················061
　　　三、筒花赏析·····················062

　中国传统插花作品欣赏·····················063

第一章 中国传统插花概述
CHAPTER ONE

第一节 概念

一、中国插花及其类别

(一) 中国插花的概念

插花是门艺术,同绘画、雕塑、盆景、造园、建筑等姐妹艺术一样,都有各自的章法与技巧、主题思想、表现形式与审美标准,而不是简单的花材组合,更不是无思想内涵的单纯造型,其艺术作品应当是也必然是创作者头脑中对社会现实生活实践的反映与再现,绝非无目的、无意识的活动。因此,中国插花自然也是以花材的组合与造型反映和再现中国的社会现实生活,反映中华民族的习俗、文化心态以及时代精神为主流,表达中国的艺术特色,特别是在当今全球文化艺术相互交流、撞击、融合的潮流下,如何站稳脚跟、保存自己,把握住"洋为中用、古为今用",回归本民族根基上的指导思想,努力创作表现我们自己的民族性、民众性和时代性的插花作品,才是真正的中国插花艺术。

(二) 中国插花的类别

中国插花与当今世界插花艺术类别的区分相对应,也可分为三大类别,即中国传统插花、中国现代插花以及中国现代花艺。

1. 中国传统插花

"传统"即指能世代传承的具有特色和生命力与影响力的东西,包括物质和精神的。中国古代的插花即是具备上述传统概念的插花，由此将中国古代插花统称为中国传统插花，其界定时期为清代中期及其以前各朝代的插花。根据史料考证，中国传统插花从春秋战国起始至今，已有近3000年的历史，其悠久的历史、博大精深的艺术内涵、精巧的创作方法成为东方插花艺术的源头与代表，对世界插花艺术做出了有益的、积极的贡献（图1-1、1-2）。

2．中国现代插花

是以反映近现代中国各民族各地区的社会生活实践、社会面貌与时代精神为主要思想内容的插花表现形式，如改革开放后中国的新特色新气象，人们的现代生活情趣与审美观；丰富的资材、无时令局限的花材、多元化的

图1-1　清．新邵如意 事事吉祥

图1-2　宋．篮花图

表现形式等都是创作中国现代插花艺术的要素（图1-3、1-4、1-5）。

3. 中国现代花艺

这是20世纪中叶由西方插花艺术中派生出来的一种新的表

图1-3　现代插花　　　　图1-4　现代插花

图1-5　现代插花　　　　图1-6　现代花艺

图1-7　现代花艺

现形式。其主要特点是使用的素材丰富，植物性、非植物性材料皆可应用，表现技巧亦多样化，粘贴、捆绑、缠绕、组群等手法都可直接显露出来，多数作品常使用架构（既起支撑素材作用又起装饰作用的一种支架），创作思想比较强调主观意识，常融合东西方插花艺术的一些特点，表现出时代感，强调表现作品的装饰性和人工技巧美（图1-6、1-7）。

二、中国传统插花简要概述

如前所述，中国传统插花是指中国清代中期以前各朝代的插花，虽说是不同时期各朝代的插花，但是，它们却有着共同的理念、艺术风格与特点。历代先辈们都将花木视为与人同格的生灵，它们同人一样，有灵性有品格，因此常以人的感情世界关照花木的世界，并使花木中充满了人化的风雅之情，从而形成了世代相传的寄情花木之风，以花喻人，以人喻花，赏花怡情，观花思德，成为养花、用花、赏花的主要目的。

以花传情，借花抒怀、明志，也成为中国传统插花特有的理念和目的，不单起装饰与美化的作用，主要是在休闲玩赏活动中传情、怡情与畅神、达意，寓教于花，充满了人格修养、伦理道德的人文精神，这与西方插花艺术迥然不同。

受"天人合一"哲学观与美学观影响,中国传统插花的创造指导思想和审美观与中国其他传统艺术一样崇尚自然、崇尚天然的生态美,认为自然是一切美的源泉,自然是一切艺术的范本。因此,创作中从选用花材、修剪整理花材到组合造型都遵循花材的自然生态习性,顺花材自然之势之理,表现参差天然之美,而不显露人工痕迹,达到"虽由人作,宛自天开"成为最高境界。但是这绝非自然主义的单纯模仿自然,刻画自然的表现形式,而是升华,是从观察大自然的过程中,体会自然的规律精神,凭借物质形态以表现万象的过程。这与西方现代花艺注重表现人工美、技巧美亦迥然不同。

中国传统插花从观察大自然中感悟自然的生命之美,感悟自然无时无刻、无处不在的动感之美,以及宇宙运动的生机与灵气,由此启发创作灵感并注入自己的奇想妙得,这就是师法自然而高于自然的道理,也是自然美与人工美相结合的写意(借物抒情)的创作手法。

综上总结可知,中国传统插花的最大特点是:

(1)以花悟道,即以花材的自然形体美和其花文化内容与寓意借以传情、明志、舒展心怀,陶冶情操,追求美好精神享受为目的(图1-8)。

(2)崇尚自然,师法自然而高于自然,即向自然学习,从自然的真相与规律和精神中感悟生命力,感悟动象与活力,从而获得启发与联想,进而创作动象之型,表现有情有意之型,达到以型传神,型神兼备,虽由人作、宛自天开的创作指导思想要求(图1-9)。

(3)以表现自然美、线条美、意境美和整体美为品评、审美的原则与标准。即注重人工化自然美的表现;善用木本花材借以表现丰富多彩的优美的线条变化与组合,以传递丰富的情感。意境美即通过插花造型美而展现出花中、型中的内在气质与神韵之美,情景交融之美,犹如诗情画意般的美;中国传统插花讲究容器、几座、配件(如意、中国结、小饰品等)与造型的搭配,以及与

图1-8　百事如意　　图1-9　一池春水映桃红

图1-10　雅韵　　图1-11　新邵如意

陈设环境的协调，如此才能展现整体环境与作品的完美（图1-10、1-11）。

　　上述三点构成了中国传统插花含蓄、深蕴、自由、自然的风格。

三、学习传统插花的要点

（一）学习中国传统插花的必要性

任何艺术都希望并不断地追求尽善尽美，也如此不断地创新求变，中国插花艺术特别是中国现代插花、现代花艺，更应当如此，才能形成真正有中国特色的插花艺术。而创新求变是不能隔断历史的，因为"历史是过去事实的记载，是事物发展的过程。是一个国家、一个民族社会生活、经济发展的轨迹与道路，它凝聚了本民族的智慧和创造力；也记载了这个国家和民族的苦难与教训"。所以，必须了解历史，从中吸取经验和教训，才能正确地、有的放矢地创新求变，健康稳步发展，常言道："研今必习古，无古不成今"，也正是此道理。

特别是在当今世界插花艺坛上西方插花、花艺占据强势的现状下，作为中国插花艺术家，学习中国文化，学习中国插花历史，不仅是必要的，也是有现实意义的，更何况中国传统插花曾为世界插花艺术做出许多有益的、积极的贡献，并且至今仍有许多可供借鉴、受到启示的地方，例如在固定花材的用具和方法上，五代时期（公元907-969年）发明"占景盘"，清代（1644-1911年）发明的花插雏形和"撒"，都是中国首创的；在切花花材保鲜方面，宋代（960-1279年）有多部著作介绍了行之有效的物理保鲜方法，如烧灼切法、涂蜡封蒂法、胶泥浸插法等，都是简单易用且不污染环境的方法；在插花理论上，明代（1368-1644年）问世的《瓶花三说》、《瓶花谱》、《瓶史》等，不仅完善了中国传统插花的理论体系，而且对世界插花技艺的发展有巨大的指导与推动作用。

2008年6月14日，中国传统插花经审批进入到国家级非物质文化遗产名录，就是最好最有力的见证，证实了它的史学、美学及多学科的价值，是我国传统文化中的宝贵财富。

（二）如何学习中国传统插花

（1）首先转变观念，从西方插花花艺崇尚人工技能美的理念中走出来，深刻理解中国传统插花的目的性和审美情趣，从单纯的商品价值中走出来，正确理解艺术品的社会价值和艺术品位。

（2）认真细致地观察大自然和人生，并感悟大自然感悟人生，用自己心灵上的亲身感受进行创作，明确创作所要表达的用意和情趣，有意识有目的地插制。

（3）了解和熟悉常用花材的花文化内涵和寓意，这是中国传统插花表形表情的主要物质基础和载体。

（4）了解和熟悉中国传统插花的发展历史，多读与之相关的中国传统文化方面的文献资料，以便深化对中国传统插花理念、风格、特点的理解。学习中国传统插花，不仅需要练就熟练的技巧，而且需要积累更多的文化知识与素养，通过理论学习可以指导实操，并增强在实操中的理论思维。

第二节　中国传统插花构成要素

中国传统插花的构成要素主要有三个，即花材、容器、几架与配件。其中花材是最重要的，容器、几架与配件等主要起着承载、加强和活跃造型等辅助作用。当然它们有时也会起到画龙点睛、点明主题的作用。

一、花材的地位与作用

（一）花材是起决定性作用的主体构成要素

在插花三大构成要素中，花材是最重要的，插花是借用各种花材的组合与造型，展现形式美和思想美的，如果没有花材，就谈不上插花了，插花的一切功能，几乎全是通过花材来表现的，所以说花材是插花创作的物质基础，是创作要素中最重要的主体构成要素。

（二）花材是表现作品主题与中心思想的载体

插花作品是通过花材完成造型、表现主题与中心思想的，也是作者塑造美的语言和工具。例如要表现春天万物苏醒、百花开放的动人景象，理想的花材组合是柳与桃。因为桃红柳绿是春天的代表性花材组合；另外"玉堂富贵"（玉兰、海棠、牡丹）也是春天的代表性

图1-12　清.春季篮花图

花材组合。还有连翘、榆叶梅、碧桃、杏花、迎春等春天开花的花材。人们一看到这些花卉开花，就会联想到春天已经来临了。

例如清代的《春季篮花》作品(图1-12)。题诗"千红万紫抖精神，采得芳菲色色新。"藤编的花篮造型极其精巧优美。以牡丹为主花材，配以碧桃、木笔。都是春天开花的格高韵胜的传统名花，主体牡丹硕大而艳丽，有统率全军的气势，十分突出；副体衬托主体，各具姿容。一派烂烂漫漫、万紫千红的盛春景象突现在眼前，充分展现出花材在表现作品主题思想上的决定性作用。

（三）花材及其造型是意境创设的主体

中国传统插花以善于表现意境见长，而表现意境是由以下几个要素决定的：一是花材寓意；二是花材的造型；三是作品的主题、命名和作者的创作意图；四是作品的容器、配件等。其中花材寓意和花材造型是意境创设的主体。

图1-13是一件仿元代三体式传统插花作品，以系帕瓶插荷花和竹枝为主体，呈直立式构图；侧方容器内一插灵芝，一放佛手为副体。作品为节庆供花，所以选用的花材都是高雅祥瑞之品。荷花傲然挺立，"出淤泥而不染"，竹被推为"全德君子"，可看出作者高尚的品格和在异族统治下，不流俗媚敌的民族气节。值

图1-13 元.福寿双全 平安连年

得特别留意的是飘落在荷叶上的那片花瓣,仿佛是自然飘落在那里,其实它流露出了作者压抑凄寒的心态。这件作品表面看无疑是欢度节日的喜庆之作,实际上是作者反抗精神的宣泄,节日的欢笑,那笑中是含着泪的,是压抑着反抗的烈火的!蒙古族骁勇善战,席卷欧亚,建立空前的大帝国;读书人备受歧视,被列入"八娼、九儒、十丐"之中,凌辱与虐待,不一而足。作品名为"福寿双全 平安连年",在异族统治下备受欺凌,哪里会有什么福寿双全,祈求连年平安,也只能是一种美好的愿望而已。透过这幅作品,我们仿佛亲身经历着那种国破家亡、异族肆虐的日子。通过联想、遐想,使我们从现实的作品中自然进入意境的广阔天地,享受意境美的洗礼,与作者同呼吸、共忧患,更深刻地理解作品,在感情和心境的世界里遨游,其乐何如!这里通过花材及其造型,构筑了一幅凄美的画卷,引人深入其中。这件作品充分说明花材及其造型是意境创设的主体,人们是通过花材及其造型才深入到意境的天地里,享受意境美的滋润。

(四)木本花材是构成传统插花造型的基础材料

中国传统插花有4个基本构图形式,即直立式、倾斜式、水平式、下垂式。这4种造型,都是不对称构图形式,都是以花材为基础材料构成的。同时,中国传统插花善用木本花材,木本花材线条流畅,自然优美,形态各异,形成了中国传统插花千变万化的不对称式自然构图。一件作品，一副面孔，没有完全相同的。花材的组合、搭配讲究线条造型，追求自然、对比、协调、秩序和层次感，以达到"虽由人作，宛自天开"的艺术效果。

（五）花材及其造型是表达情感的理想要素

插花作者为创作出别具一格的作品，精选花材，巧妙构图，将炽烈的创作激情倾注于作品之中，这是中国传统插花的重要风格和特色。

如元代钱选创作的一件吊篮花（图1-14），属自由花类型。这是元代一部分文人，退隐不

图1-14 元.吊篮花

仕，过着悠闲自适的生活，插花出现一种不经意间创作出来的自由花。竹编的吊篮简朴素雅，内置两个冰纹瓷罐，罐内分放金桂花和丹桂花，在罐上浮放一枝银桂，呈曲折如意状，枝头上扬，有一种悠闲自得、轻盈飘逸的风韵，正是作者生活情致的写照。花枝仿佛是随意放在那里，花枝浮放，失水会萎蔫，作者就是求得创作灵感的发泄，有一时心态和视觉的满足即足矣。这是元代插花中别具一格的作品类型。通过花材和花材造型表现作者的意向和情感，在这里得到充分的展现。在作品中，或挥洒激情壮志，或吐露心中不满，或倾诉人间的酸甜苦辣，或描绘自然的风雨雷电。使用花材插花成为人们挥洒人生感悟的最好舞台和理想要素。

二、容器的地位与作用

（一）容器的地位

容器是传统插花创作中不可缺少的构成要素，被视为花材的"金屋"、"精舍"、"大地"。它的形状、色彩和质地对花材造型有

直接的影响，所以十分强调器与花相称、相宜，才能构成作品的整体美。

(二) 容器的作用

中国传统插花的容器，形式很多，可大略概括为六大代表性容器，即瓶、盘、篮、碗、缸、筒。随着时代的发展，科学的进步，容器的种类、造型、色彩、质地会不断地发展。容器的主要作用是：承载、盛水滋养、衬托、渲染、点题和提高作品造型的艺术感染力等（图1-15）。

1. 容器盛水，滋养花材

容器最基本的作用是承载花材并供水滋养，使之不萎蔫，延长作品的观赏期。

2. 器与花称，构成整体美

一般容器要求简洁、大方、稳重，忌五颜六色，造型繁缛和雕花挂彩等，能便于承载、衬托花材及其造型，在形状、大小、色彩、

图1-15　六大容器

质地等方面，既要与花材相协调，又要有适当的对比，起好陪衬烘托的作用，形成作品的整体美。

容器对插花造型的承载和烘托，就好像花材造型住进了"金屋"，植根于"大地"，增强了作品的稳重性与豪华感，提高了作品的艺术品位和感染力。

3. 点题的作用

有时容器会起到点题的作用，如重阳节插制应节作品，花材多用黄菊花之类，若选用螃蟹造型的容器，就会使人联想到九九重阳，登高野宴、饮菊花酒、吃螃蟹的习俗，不禁怡然神往，想起那重阳节的动人往事，从而起到点题的作用并增加意境美的感染。

三、几架与配件的地位与作用

（一）几架的地位与作用

几架是传统插花中不可缺少的构成要素之一，多为木质材料制成，形状多为圆形、方形、长方形等，有土黄、褐红、黑等色，能与传统容器和花材的色彩相协调匹配(图1-16)。其主要作用是：

1. 衬托、垫起容器，抬高花材造型

衬托并垫起容器和花材造型，提高其稳定性和完整性，与花材造型的形、色、质融为一体，使整件作品更鲜明夺目，稳重大方，

图1-16　几架

提高其观赏价值。

2. 调整作品均衡感

传统插花的造型，有时视觉重心偏斜。有失重感时，除可调整造型外，也可通过调整容器在几架上的位置加以解决。

(二) 配件的地位与作用

配件不是传统插花作品必备的材料，属于辅助的成分。在作品中常视需要而配置。如清代流行的谐音式插花中就多见使用（图1-17）。

常用的配件有：瓷塑造型、画轴、香囊、中国结、珠串、水果、灵芝、佛手、铜钱、灯笼等（图1-18、1-19）。

配件的主要作用有：

1. 烘托气氛，装饰环境

在传统插花创作中，常选用适当的配件来烘托某种气氛或装饰环境。如在喜庆的场合，挂上中国结、红灯笼，渲染热烈欢庆的氛围；在书房插花中，可于背景悬挂名人字画或放博古架，桌案

图1-17　前程万里

图1-18　常用配件

图1-19 配件

上摆放文房四宝和书籍之类以增强文化气息等。

2. 点明主题，完善主题表现

在中国传统插花中，有时为了点明主题、丰满主题，常采用容器和添加配件方式来表现。

3. 均衡造型，使作品完美和谐

在插花造型中，或有空隙需填充，或造型偏斜需调整等，常用配件加以完善。需要注意的是，添加的配件一定要与作品的主题思想相符合，能丰满或点明主题。

第二章 中国传统插花的基本构图形式
CHAPTER TWO

第一节 概述

一、构图的意义与作用

插花作品通常是通过构思、选材、构图与插制四项程序与步骤完成的，其中构图是最主要的构成部分之一。

所谓构图，借用中国画论的概念即为"经营位置"、"铺陈布置"。通俗来讲就是将构思好的主题和选好的花材进行合理的安排与布置，组合成一定形式的造型，来表达创作的意图和作者的情怀。由此可知，构图的意义与作用主要在于：

第一，构图是直接表现插花作品的形式美、造型美与否，是留给人们审美与品评的第一视觉感受，印象最深、最直接。第二，构图不是单纯形式、技法的表现，而是要在构图造型中体现构思的意图和主题，要造有意之型，创作出以型传神的造型，所以构图造型是构思的载体和平台。第三，构图造型也是作者造诣、风格、特点的体现，造型中融入了作者的情感；反映了作者对大自然、对社会、对人生的感悟，所以构造的是有情之型。如此，构图所创造出的造型是有情有意的型，也必然是最富感染力的插花艺术品。单纯的为造型而造型，缺失思想文化内涵，没有情感的造型，技法再好，造型再美，也只是昙花一现，匠气之作，因为不能从心灵上留给人们最深最动人的感受。

中国传统插花重形（型）尚意的创作思想就在于此，即在造型中表现花材的形、姿、色的自然之美，只要通过所造之型注重表现花文化的内涵、所寓意的内在精神之美，如第一章中的图 1-1 传统插花作品，即是很好的以形（型）传神的构图造型实例。

二、构图的基本要素

构图所形成的造型是否优美，主要取决于形状、色彩、质材和空间4个方面处理的是否合理与正确，它们成为构图的基本要素。所谓合理与正确，首先要从整体上看是否符合艺术构图的原理与法则（中级讲），其次要看是否符合不同插花类别与风格的要求，4个要素都必须符合上述二者的要求，才能形成完美的造型。

1. 形状要素

在插花中可称为造型的式样，其式样的选择，取决于不同民族的习俗与审美情趣，如东方式插花，较多喜欢不对称的自然式构图形式，尤其是中国传统插花，更喜欢展现有若自然的造型样式；西方式插花则更多喜欢规则的对称的造型式样，这是不同民族和国家长期积淀的视觉经验而转换成的心理上的形状情感，由此可知，造型式样与情感是结合在一起的。垂直的线、直立的造型式样都会给人一种稳固安定的感觉，水平的线和造型式样给人一种舒展宁静祥和的感觉，所以，不同的造型样式，会产生不同的审美情趣。

2. 色彩要素

这是最醒目最富表现力的构图要素，它能更直接地表达情感，对人的情绪和心理都有很强的感染力，并由此唤起各种联想，白色会使人联想到冰和雪，给人以寒冷的感觉；红色使人联想起太阳、火与血，使人感到温暖、兴奋或恐惧等。当然色彩对人的情绪和心理影响也与不同民族、不同国家的用色习俗有关。我国古代尽管不同朝代各有不同的用色喜好，但总体而言是偏爱红色的。在原始祖先的意识中，红色是血液的象征，失去它便会失去生命，故而有追求永生的意义，也视红色为喜庆、吉祥的象征；黄色是我国古代皇室的专用色彩，是尊贵和权威的象征。希腊与罗马人也喜爱黄色，认为其具有辉煌、华丽的气势，而埃及和日本等国则视黄色为不祥的恶魔之色。所以插花中花色的设计与应用不仅要学习掌握色彩的构成、调配方法等基础知识，而且还要熟悉不同民族不同国家用色的习俗。

中国传统插花设色十分严谨，其指导思想是既以色悦目更以色传情达意；设色的原则是"彩色相和"，不以花色的多少、浓淡、素艳而论色彩搭配的好坏，正如我国清代名画家方薰所言，"设色不以深浅为难，难以彩色相和，和则神气生动，否则形迹宛然，画无生气。"清代名画家邹一桂亦道："五彩彰施，必有主色，以一色为主，而它色附之。"插花设色亦遵此理。这些精辟的设色论述在中国传统插花中都有很好的体现，值得认真借鉴。

3. 质材要素

质材即指插花中所使用的一切物质材料，如花材、容器、配件、饰品、构架等，无论是天然的或人工合成的，是植物性与非植物性的，都是插花创作中的物质基础，也是创作的基本前提。它们不仅起到物质媒介的重要作用，而且本身也有独立的审美价值，能够传递各种各样的情感，如春夏之交选用黄栌的褐紫色花序，犹如烟雾一般，充满了朦胧感。而秋天选用其枝叶，片片金黄和橙色，秋意浓浓。大自然中许多木本植物都具备了各种天然的质材之美，如苍劲虬曲的松柏、拱曲流畅的连翘和绣线菊枝条、翠绿清秀的竹竿、修长垂落的柳枝、游龙般的菝葜果枝等都是插花的好质材。中国传统插花善用木本花材的道理就在于此，它们不仅具备了形、色、姿天然的形式美，更具有丰富深蕴的文化内涵与美好的象征性，这正符合中国传统插花以花传情达意的理念。所以，根据创作的目的和主题精选、巧选质材、妙用质材十分重要。

4. 空间要素

空间是比较抽象而复杂的概念，简单讲就是指造型中各种花材之间所占据的位置、距离以及体积大小的关系，有序地处理好这几种关系，就能增强整体造型的表现力，使造型更舒展，更有层次感和立体感，从而提高作品的感染力。插花艺术既是视觉艺术，又是立体的空间造型艺术。

空间可以分为"可见空间"和"虚幻空间"两种形态。"可见空间"即指可见的造型实体，亦称"实体空间"或"正空间"。具体到插花造型中，花材所占据的位置、距离和体积就是可见的实实在在的实体。而"虚幻空间"是指物体之间那些不可及的空间的一种幻象，亦称"负空间"。插花造型中花材之间的空间，没有实物的空间和特意"留白"之处，都是"虚幻空间"。

中国传统插花构图中讲究花材的安排组合要"虚实相生"，就是很好地掌握了空间关系处理的要素。许多初学插花者往往将造型插得太多太满或呈片状，没有前后的空间、距离与深度感，或将花材密密麻麻不分疏密地插成一片，也没有高低错落，使整体造型既没层次感，更无立体的空间纵深感，其毛病都在于没掌握空间关系要素，没有树立起三维空间概念。多学习造园和绘画知识，对树立三维空间概念，掌握空间关系原理会有很大帮助。

第二节　基本构图形式

基本构图形式即指插花中的基本造型，也是最基础的造型，其他千变万化的造型皆是由此基础造型中演变出来，所以学习基础造型奠定扎实的造型基础，就能够演变创作出更多的优美造型。

总结古今中外的插花造型，大体可以归纳出两大类基本构图形式：

一、规整式几何形构图形式

这类作品的造型轮廓皆由各种规则的几何图形所构成，其最主要特点是外形轮廓清晰、整齐、简洁；内部结构紧密、丰满，常以不同色块、色带或图案组成，层次分明、立体感强、整齐夺目、用花量大，花材形态亦较规整、大小适中。主要表现群体的色彩美、图案美。这类构图形式主要体现了人类抗拒和征服自然的能力，体现人的理想与智慧，符合西方的哲学观和美学思想，因此也是西方式传统插花中最常见的基本构图形式，当今我国各地花店中的礼仪插花造型也常用此类构图形式。

根据几何图形的不同，将此类构图形式又分为如下两种类别：

(一) 对称式几何形构图形式

所谓对称式几何形构图形式是指这类几何形的造型，通过中心点假设的中轴线，其两侧或上下的图形完全是等形、"等量"（视觉感受上的等量）的，如常见的球形、等腰三角形、倒 T 形、椭圆形等皆属此类，外形轮廓对称、均衡而整齐明了为其主要特点，宜形成端庄大方、热情欢快的气氛，对环境有强烈的烘托渲染作用（图 2-1、2-2、2-3、2-4、2-5）。

(二) 不对称式几何形构图形式

在造型中心点假设的主轴线两侧或上下的图形不等形、不等量的就称为不对称式几何形构图形式。如常见的 L 形、不等边三

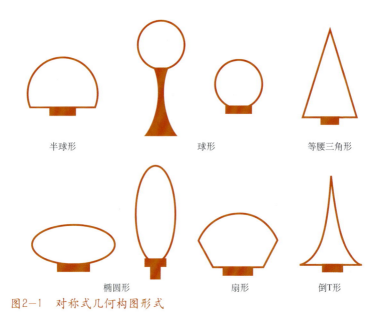

半球形　　　　　球形　　　　　　等腰三角形

椭圆形　　　　　扇形　　　　　　倒T形

图2-1　对称式几何构图形式

第二章 中国传统插花的基本构图形式

图2-2 球形

图2-3 等腰三角形

图2-4 倒T形

图2-5 椭圆形

| L形 | S形 | 新月形 | 不等边三角形 |

图2-6　不对称式几何构图形式

图2-7　L形

图2-8　不等边三角形

角形、新月形、S形等均属此类，它们的作品外形呈不对称、不均衡的各种几何造型，外形简洁、活泼，外轮廓线条流畅，富有节奏感与韵律感（图2-6、2-7、2-8、2-9、2-10）。

图2-9　新月形　　　　　　　　图2-10　S形

二、自然式非几何形构图形式

亦统称三大主枝的构图形式，此类作品造型的外轮廓多种多样，自由变化的非几何形构图形式，无定型、自由挥洒构图，造型生动活泼、自然为最大的特点。其最基本的构图形式有4种，其他多变的造型均是在这4种基本形下演变而来的，东方式插花尤其是中国传统插花偏爱这类构图形式。这与中国传统哲学审美观有着密不可分的关系，符合中华民族崇尚自然、师法自然，注重表现作品的自然美、线条美和意境美的创作思想和审美情趣。与西方式插花花艺注重表现作品的人工美、技能美、形式美和装饰美迥然不同。

三大主枝的构图形式中，4种基本形皆以第一主枝（设为A枝）为主，按其姿态状况区分而构成为直立式、倾斜式、水平式和下垂式。第二主枝（设为B枝）、第三主枝（设为C枝），在构图中其姿态、位置较为自由，但必须与第一主枝共同和谐地构成各个造型的立体骨架，然后在骨架内插入次要的各个辅枝（图2-11、

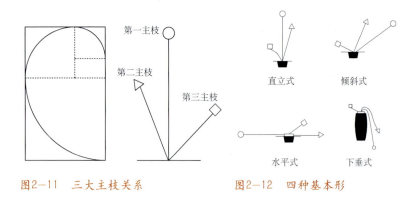

图2-11 三大主枝关系　　　图2-12 四种基本形

2-12)。

(一) 直立式

A枝必须直立向上插入容器内,B枝和C枝可随意在A枝的两侧并与A枝相互协调呼应,开张角度不宜超过30°,共同构成一幅端庄稳健的造型,以表现生机勃勃的阳刚之气。

该构图形式宜选用直立的线状花材,如唐菖蒲、蛇鞭菊、水葱、竹子等,宜表现强烈的尊严感、崇敬感和积极向上的主题,具端庄稳健的静态美(图2-13)。

(二) 倾斜式

A枝必须倾斜(约30°~60°之间)插入容器内,B枝与C枝可任意插在A枝两侧或同一侧,但必须保持稳定、均衡,不可倾倒,保持三大主枝间有机的协调关系,然后依据构图需要在立体骨架中逐步插入辅枝,完善造型。

此构图形式宜选用自然弯曲和拱形的花材,尤以木本花枝最能展现出流畅、动感的线条美与活泼自然的动态美(图2-14)。

(三) 水平式

A枝必须横向近乎水平(约不超过水平线上下15°)地插入

第二章　中国传统插花的基本构图形式

图2-13　直立式

图2-14　倾斜式

图2-15　水平式

容器内，B枝与C枝可或左或右平伸或微斜插在A枝附近，同样必须保持整体造型的稳定和均衡。从而展现幽静、祥和的氛围。此构图形式当选用浅钵和盘器插制，以俯视效果最佳，而选用高身的瓶、筒等容器插制时，宜平视效果最佳（图2-15）。

图2-16 下垂式

(四) 下垂式

A枝必须向下悬垂（低于水平线下约20°），B枝与C枝可随意插入，但仍需保持整体造型的稳定和均衡，并与A枝互相关联和协调。然后插入辅枝，共同完成造型。

此构图形式宜选用蔓性的、藤本类花材，必须选用高身容器插制，并将作品陈设在视线以上的高处，才能充分展现垂落飘逸或一泻千里的动态之美（图2-16）。

第三节 构图形式的比例与尺度

在构图中正确地把握比例尺度是创作优美造型的首要任务，它不仅是保证整体造型稳定感和美感的直观要素，而且也直接影响审美活动的开展，只有稳定才能心生美感，比例尺度也影响整件作品与陈设环境的艺术效果。尽管花材与造型本身都美，但如果彼此之间比例尺度失调，也就显现不出它们的美了。

一、确定比例与尺度的依据

比例原本是数学概念中的对比关系，而在插花艺术中，比例主要是寻求心理状态中的视觉均衡，不是真实的物理学上力的均衡。尤其是在中国传统插花中，在偏爱自由的非几何形构图中，不是生硬、机械地追求比例尺度关系，关键是寻找不平衡中的均衡与稳定，以及均衡、稳定中的变化。既不把比例尺度格式化，又能在固定的比例尺度下求变化，不求绝对的比例尺度，才能表现出作品的韵味。所以，在艺术品中比例只是一个常规而非定式的概念。那么在插花构图中究竟要依据什么规定来确立比例尺度呢？大体可遵循如下三个原理：

（一）洛书比例

洛书为我国禹帝所创，传说在河南洛河中出现一种神龟，龟背上记有9个数字，为戴九履一，左三右七，二四为肩，六八为足，五位中央，禹帝观之创为九畴，书以成象，是为洛书。中国传统插花构图中采用洛书中3∶5∶7的比例关系确定作品中各种比例关系，近似黄金分割率。强调结构条理分明，不追求绝对的比例，符合形式美的法则（图2-17）。

（二）黄金分割率

黄金分割率是比例均衡的典型例子，广泛应用于造型艺术中。它是19世纪德国美学家蔡辛克发现的，即将一条线划分为两个部分，即A—C—B，其比例关系为AB∶AC=AC∶CB，被划分的长线段与短线段的长短对比既不过分悬殊也不等同，一长一短又一长一短，首尾相连互为因果，成为最严格最完美的长度均衡比例关系，由此形成的长方形是最均衡、最简便、最完美的，故称黄金长方形。假设AC=1时CB=0.8；AC=5则CB=3；AC=8

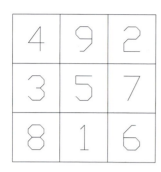
图2-17　洛书比例

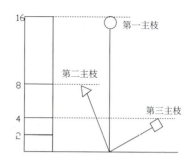
图2-18　黄金分割率

则CB=5，A+B=5+3=8，所以8∶5∶3成为最佳比例关系，在插花花艺构图中同样广为应用（图2-18）。

（三）等比关系

即前后相邻之间互为倍数的比例关系如2∶4∶8∶16∶32∶64……或3∶6∶9∶19∶36……。其中取前后相连三个数形成互为比例关系，也是形式美的最佳比例尺度关系，在造型艺术中也广为应用。

二、插花作品比例与尺度的确定

如前所述，中国传统插花偏爱三大主枝的构图形式，故而在此仅介绍三大主枝构图的4种基本形式的比例尺度的确定方法。

（一）作品与陈设环境间的比例尺度关系

作品在环境中过大、过小都达不到装饰美化的最佳效果，大小适宜才能使环境更加优美、舒适，而优美、舒适的环境更能衬托出作品的美感，两者相得益彰。

（二）造型中花材与容器间的比例尺度关系

应用黄金分割率原理。花材高度与容器高度之比8∶5或

5∶3（倒比例为5∶8或3∶5）为最佳的比例关系。

花材高度：应以造型的最高花枝为准。

容器高度：如为瓶器则应以瓶口径加瓶的高度，视为容器总高度。如为盘、钵等容器，则应以盘口径加盘高度，视为容器总高度（图2-19）。

（三）造型中三大主枝与容器间的比例尺度关系

套用黄金分割率原理确定第一主枝（A枝）的长度，应当是容器总高度的1.5～2倍；第二主枝（B枝）长度应为第一主枝长度的2/3或3/4；第三主枝（C枝）长度为第二主枝长度的2/3或3/4，如此三大主枝之间的比例关系是适度的，因为它们近似黄金分割率（图2-20）。

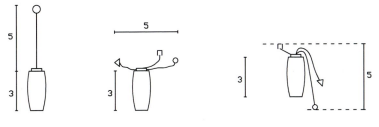

图2-19　长、宽、高比例图

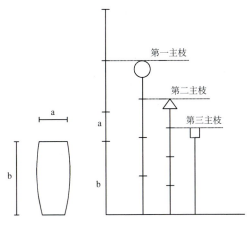

图2-20　三大主枝与容器比例图

第三章 CHAPTER THREE

基本构图形式示范

第一节 花材的选用

一、木本花材的选用与特点

中国传统插花崇尚自然，注重线条造型，讲究以形传神，以形达意，形神兼备，情景交融。因此，对花材的选择十分考究，木本植物的枝条不仅线条流畅，形态曲折多变，大多易于人为加工，而且多有种种吉祥的寓意，为作品主题的表达和意境美的创设，提供了极好的创作条件。常用的木本花材多为中国传统名花，如牡丹、梅花、山茶、玉兰、松、柏、柳、竹等，用这些木本花材完成的传统插花作品，常能完满地展现中国传统插花的风格和特色，所以古往今来，中国传统插花的创作，多喜用木本花材。当然，中国传统插花也常选用一些格高韵胜的草本花材如兰、芍药、菊、水仙、萱草等。从传世的古代插花画作中也可得到证实。如明初边文进的《履瑞集庆图》，为中立式十全厅堂插花，是传世的经典之作。选用10种花材，各有美好的寓意，象征十全十美。所用的10种花材为梅、松、柏、山茶、兰花、水仙、天竺、灵芝、朱柿和如意。其中6种为木本花材，3种为草本花材，1种为配件。以木本花材白梅为第一主枝，其枝条婉转、虬曲有力的优美形态，构成了中立式厅堂插花造型的主体，在其他花材的烘托下形成壮丽隆盛、动势强劲、线条流畅的精美造型，取得引人注目的艺术效果。中国传统插花的风格和特色得到淋漓尽致的发挥。也有全用木本花材的例证，如清代的《春季篮花》，花材选用牡丹、紫玉兰、

图3-1 明.边文进.履瑞集庆图

海棠。也见有全为草本花材的传统插花作品,如明代陈洪绶的书斋插花,表现秋色,全用的是菊花。可见中国传统插花的花材选择,虽以木本花材为主,不见得必须全用木本花材,用适当的草本花材也可以创作出具有中国传统插花味道的作品来。这一点从我们的传统插花教学中,也得到了印证(图3-1、3-2、3-3)。

二、草本花材在传统插花中的应用

目前,我国木本花材商品化尚处于初级阶段,花卉市场上木本花材很少,不能满足传统插花创作的需要。如前所述,草本花材在传统插花中也有广泛的应用,有的与木本花材混用,有的作品甚至全用草本花材,只要使用得当都能创作出具有中国传统插花风格和特色的优秀作品。我们在传统插花教学中选用草本花材,也取得较为满意的效果。

图3-2 清.冬季篮花　　图3-3 明.陈洪绶.书斋插花

在中国传统插花中常用的草本花材：

1. 花烛
2. 彩色马蹄莲
3. 马蹄莲
4. 文心兰
5. 石斛兰
6. 东方百合
7. 麝香百合
8. 亚洲百合

第三章 基本构图形式示范

1. 朱顶红
2. 芍药
3. 芭蕉
4. 球根鸢尾
5. 郁金香
6. 非洲菊
7. 香石竹
8. 荷花
9. 桔梗

1. 唐菖蒲
2. 菊花
3. 小菊
4. 蛇鞭菊
5. 晚香玉
6. 鹤望兰
7. 蝴蝶兰
8. 蝴蝶兰

第二节 中国传统插花插制要点

一、形式自然

中国传统插花崇尚自然、师法自然，插制时力求表现花材自然的形态美和色彩美，花材选用强调保持其原有的姿态，尽量避免对自然花材进行人为的加工（扭曲、弯折等）而刻意改变其天然姿态，注重顺应花材自然之势进行创造，而尽量减少人工雕琢的痕迹。一切以顺乎自然之理、合乎自然之态、饱含自然之情，达到"虽由人作，宛自天开"的境界。

传统插花常采用不对称式的自然构图形式，虽然有直立式、倾斜式、水平式、下垂式等4类基本构图形式，但是，没有不变的固定格式，通过高低错落、动

图3-4 元.太平春色

势呼应、俯仰顾盼、刚柔曲直、疏密散聚，各得自然之妙趣，正像袁宏道在《瓶史·宜称》中说的"参差不伦，意态天然"（图3-4）。

二、重形尚意

中国传统插花受传统文化的影响，既重"形"更尚"意"，"形"为外在之表现，即花材形、姿、色之自然美以及花与容器组合而成的整体造型之美。"意"即为通过自然"形"而获得的"意象"，传统插花中，不仅只注重作品外在造型美，更注重表现作品思想文化内涵与深邃的意境之美，常采用比喻、隐喻、联想、寓意、象征等手法，以有限的形象表达无穷的景外之景、弦外之音，使作品形神兼备，含蓄、内敛而极富感染力。如在选用荷花插制作

品时,不仅要展现其挺拔秀美的姿态(忌斜插)、淡雅清新之花色(清洁),而更应充分表现其出淤泥而不染,濯清涟而不妖,圣洁、清廉、高洁的气韵与内涵,令人产生丰富的联想,从而沉醉于美好的意境之中,达到赏花怡情的目的。

三、"起把宜紧,瓶口宜清"

清代插花一代宗师沈复在其所著《浮生六记·闲情记趣》中提出"起把宜紧,瓶口宜清"的瓶花插制原则,一直为后世沿用,奉为经典。现已广泛用于传统插花各式容器中。所谓"起把宜紧",是指花材在插制中,基部要靠紧成束,像一丛花由容器口部怒起,力度强劲,自然潇洒,不可松松散散,毫无生气;所谓"瓶口宜清"是说花材从容器中伸出,要保持器口清清爽爽,留有一定的空隙,枝叶不可倚靠在器口上,或塞满器口,密密匝匝不通透。如此,才能保持作品的优美、干净利落(图3-5)。

图3-5　起把宜紧,瓶口宜清

第三节　直立式构图形式的插制

一、适宜的花材与容器

(一) 适宜的花材

直立式构图形式的主枝需选用挺立的线形花材,以形成挺拔耸立的造型。木本花材如松、竹、碧桃、榆叶梅、梅、山桃、山杏、银芽柳、龙爪柳、木百合等;草本商品花材可选用唐菖蒲、百合、蛇鞭菊、大花飞燕草、飞燕草等。

（二）适宜的容器

直立式构图形式常采用广口的容器，如盘、笔洗、碗、缸等。取其有广阔的水面，与直立的造型相衬，益增其挺拔向上的气势。注意盘、笔洗等器身不可过矮，其盛水深度要高于花插针尖约2cm。

二、插制要点

（一）首先确定花材插点在容器中的位置

单体造型的作品，花材应插于容器的极点，即容器底部中心的位置。遵循"起把宜紧"的插制原则，花材基部相互要靠紧成束状插上。若是双体造型的作品，一主体，一副体，分插容器底部的左右两侧，稍有前后距离的适当位置。

（二）确定各主枝的比例与长度

选定主枝，确定各主枝的长度，第一主枝要选择生长茁壮、线条最优美的枝条。第二、三主枝要与第一主枝相称。一定要按规定仔细测量长度，不可凭感觉随意剪定。若长度比例失当，不管以后如何精心插制，作品注定是失败的。

（三）插入三大主枝，构成作品造型的基本轮廓

按照前述直立式构图的要求，插入三大主枝，注意三者不可插在一个平面上，三主枝顶部要形成不等边三角形，从而构成作品造型的基本轮廓。

（四）突出焦点花

选择最大、最美的花插入焦点部位。注意焦点花的位置应稍突出于群体造型，不可淹没于造型之中，以突出焦点花的作用。

（五）辅枝的插法

辅枝的作用是加强花材造型的骨架，要短于其辅助的主枝，靠近主枝。第一主枝的辅枝可长于第二主枝，第二主枝的辅枝可

长于第三主枝。

三、插制步骤

（一）放入花插，加水

以盘花为例，将花插放于盘底部的中心位置（极点），注入清水，水面要高出花插针尖约 2cm。

（二）插入三大主枝

垂直插入第一主枝于花插的中心位置；照顾到前后纵深的关系，插入第二、三主枝，端部形成不等边三角形，构成直立式构图的外形轮廓。

（三）插入焦点花

插于外形轮廓的纵轴下部约 1/3 处，稍突出于造型的轮廓，以突出焦点花的作用。

（四）插入辅枝

根据造型的需要，插入各主枝的辅枝，加强造型的骨架。

图3-6　直立式步骤1　　图3-7　直立式步骤2　　图3-8　直立式步骤3　　图3-9　直立式步骤4

（五）插入主体花，完善造型

插入主体花，构成丰满的直立式造型。加以适当整理，完善造型，完成作品的插制（图3-6、3-7、3-8、3-9）。

第四节　倾斜式构图形式的插制

一、适宜的花材和容器

（一）适宜的花材

适宜枝干弯曲、线条优美流畅的花材，第一主枝尤其重要。常用的适宜的木本花材有桃、榆叶梅、桂花、杏花、松、火棘、龙爪柳等；草本花材如百合、非洲菊、马蹄莲、唐菖蒲等。

（二）适宜的容器

最适宜插制倾斜式构图的为广口矮身的容器，如盘、笔洗、矮筒之类，尤其椭圆形的盘更为适宜。因其有更为广阔的水面，可映出主枝秀美的倒影，并将动势引向高远的空间。其他如缸、篮、瓶、筒等也可插作倾斜式构图的作品。

二、插制要点

（一）精选第一主枝十分重要

倾斜式构图，第一主枝十分重要，可以说是造型的灵魂所在。首先映入眼帘的是第一主枝曲折多变、优美流畅、倾斜向前的风姿。它决定作品的造型，体现作品的主题，是人们视觉观赏的主体。因此，在第一主枝的选材上要精挑细选，精细加工，下足工夫。

（二）第二、三主枝既为构成花材造型的骨架枝，又起均衡动势的作用

在倾斜式构图的作品中，由于第一主枝的倾斜插入，形成造型重量感的偏斜，给人要倾倒的感觉，因此，第二、三主枝在插

作中既起着协助第一主枝构成造型骨架的作用；同时，又起到造型重量感平衡的作用。

（三）辅枝的作用

有时由于第一主枝倾斜角度较大，第二、三主枝尚不能取得造型的平衡时，可用第二、三主枝的辅枝压在第一主枝的后面，以取得整体动势的平衡。

三、插制步骤

（一）确定花插放置位置

将花插放入盘底的东点或西点的位置，使花材造型面对广阔的水面。

（二）插入三大主枝

插入第一主枝，使之前倾30°~60°；插入第二、三主枝与第一主枝构成倾斜式构图的基本骨架。注意与第一主枝取得动

图3-10　倾斜式步骤1

图3-11　倾斜式步骤2

图3-12　倾斜式步骤3

图3-13　倾斜式步骤4

势的均衡。

（三）插入焦点花

将焦点花插于造型高度下部约 1/3 处，稍突出于花材造型，不可淹没于花材造型之中。

（四）插入主枝的辅枝

插入各主枝的辅枝，除加强骨干枝之外，还要注意取得整体造型的动势平衡。

（五）插入主体花，完善造型

最后插入主体花并进行适当的调整，使造型优美完满，完成插制（图 3-10、3-11、3-12、3-13）。

第五节　水平式构图形式的插制

一、适宜的花材和容器

（一）适宜的花材

需选取水平延展、线条流畅的枝条为主枝，或选用易于人为加工造型的花材。木本花材如龙爪柳、木槿、海棠、杏、桃、松、木百合等。草本花材如百合、马蹄莲等。

（二）适宜的容器

水平式构图多选用高瓶、高筒、高方斗等为容器，将水平式的造型高高擎起，尽显水平式造型优美动人的艺术效果。若插制俯视观赏的作品，则不必用高身的容器。

二、插制要点

（一）插点位置

选用高身容器插制水平式构图作品时，花材应集中插于容器上口的左侧或右侧，器口留有部分空位。第一主枝水平伸向空位一侧，可相对减少取得造型重量感平衡的压力，且可增加作品造型的通透感。

（二）基部插制要求

水平式造型花材组合基部茎干要自然靠紧成束，向上有一段距离再有枝叶分布，可突出造型的优美流畅姿态和通透感。

（三）注意造型的稳定性

水平式造型第一主枝水平伸向一侧，若处理不当，易失去动势平衡，必须加大另一侧花材的重量感，可选择插入大花或色深的茁壮枝条。

三、插制步骤

（一）容器选用瓶，加水填入花泥

瓶中加水，按瓶口大小，适当加大切割浸透水的花泥，将花泥稍用力压入瓶口，使花泥表面低于器口 2～3cm，以平视看不见花泥为度。

（二）插入三大主枝

将主枝集中插入瓶口一侧，另一侧留出空位。第一主枝水平延伸，伸向空位一侧。第二、三主枝可插向另一侧，以取得重量感的平衡。

（三）插入焦点花

将焦点花插于作品造型横向长度约 1/3 处，要向前侧延伸。

（四）插入辅枝

插入主枝的辅枝以加强骨架枝，并注意造型重量感的平衡。

(五) 插入主体花，完善造型

插入主体花，完成水平式构图形式的插制，最后调整完善造型（图 3-14、3-15、3-16、3-17）。

图 3-14　水平式步骤1

图 3-15　水平式步骤2

图 3-16　水平式步骤3

图 3-17　水平式步骤4

第六节　下垂式构图形式的插制

一、适宜的花材和容器

(一) 适宜的花材

下垂式构图常选用下垂的蔓性和藤本植物枝条，或枝条柔软易于弯曲加工的花材。木本花材如紫藤、南蛇藤、藤本月季、木槿、木百合、龙爪柳、绣线菊等；草本花材如百合、马蹄莲等。

(二) 适宜的容器

为更好地表现枝条虬曲下垂的风姿，适宜选用高身的容器，如高瓶、高筒、高方斗、高脚盘等。

二、插制要点

（一）精选第一主枝极为重要

下垂式构图第一主枝虬曲下垂的美态，是作品欣赏的重点，第一主枝的姿态对作品的观赏效果影响极大。因此，在第一主枝的选材上要精挑细选并对枝条进行精细加工。

（二）注意造型重量感的均衡

下垂式构图第一主枝下垂，会造成整体重量感的失衡，在插作中要在下垂主枝的后侧插入一些重量感大的花朵或枝条，以取得造型整体的均衡。

三、插制步骤

（一）容器加水，填入花泥

容器选用高筒，在筒内用木棒做好支撑花泥的支架，其上放入花泥、加水，务使花泥在筒中稳固，高低适宜。

（二）插入三大主枝

插入选好的第一主枝，拱曲下垂插入花泥，使之位于高筒的一侧向前的位置，便于观赏其屈曲下垂的美态。

（三）插入焦点花

焦点花要插于作品纵轴上方 1/3 处，向前侧延伸。

（四）插入辅枝

辅枝根据需要插于主枝旁边，注意造型整体重量感的平衡。

（五）插入主体花，完善造型

最后插入主体花，调整整体造型，务求完善优美（图 3-18、3-19、3-20、3-21）。

第三章　基本构图形式示范

图3-18　下垂式步骤1

图3-19　下垂式步骤2

图3-20　下垂式步骤3

图3-21　下垂式步骤4

第四章 基本构图形式在六大容器中的应用

CHAPTER FOUR

在前述第一章第二节中已讲述过容器是中国传统插花中构成要素的重要组成部分，被视为"金屋"、"大地"和"精舍"，可见它们的重要性非同一般。古代插花所使用的容器种类、质地、器形等均极为丰富多彩，概括而言，都可包括在瓶、盘、篮、碗、缸、筒六种类别的容器之内。用这六类容器插制的中国传统插花作品堪称经典之作和代表之作，故而学习中国传统插花在这六类容器中展示不同的造型、技巧，营造不同的主题和意境，就可以应对万变任意挥洒，但是本章仅就基本构图形式在这六大容器中的应用，作为重点进行介绍与学习，这是最简单也是最基础的基本功，必须牢记多学、多练，才能做到因材、因器灵活应用。

第一节 在盘中的应用——盘花

一、盘花概述

在盘中插制的花称为盘花。盘花大约始见2000年前的汉代时佛供中的皿花，六朝时已有关于盘花明确的文字记载。如北周庚信《杏花诗》中："金盘衬红琼"，唐代供奉僧人的皿花等（图4-1），此后历朝历代中广为应用。

盘为浅身广口的容器，盛放的水面比较大，水面上的空间亦很广阔，所以在中国传统插花中视盘为"大地"或"湖泊"，其内蕴含着生命之源的水以及广阔水面，象征滋养万物，用于插花比较简便易行，表现的主题、意境都很广泛，但最擅长表现自然写景式插花，构图形式除下垂式外，其他造型皆可应用，尤宜展现直立式和倾斜式的造型，可以充分表现各种花材的自然美及山水湖光与田野的自然美景。

二、盘花插制要点

（1）选用盘器不可过浅，否则盘内水位太浅，不能浸没花脚而使花枝萎蔫。通常水位深度以浸过花脚为宜。

（2）盘花主要用花插固定花材，

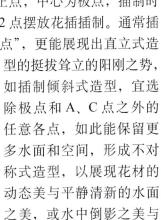

图4-1　唐代供奉僧人的皿花

花插在盘内放置的位置，俗称"立足点"或"插点"，根据中国传统插花是一完整的方位艺术的理念和视盘器为"大地"的观念，花材在"大地"上有9个重要的立足点，如图4-2所示，其中A、B、C、D为四隅点，A' B' C' D' 为四正点，中心为极点，插制时可根据构图需要，任意选其中1点或2点摆放花插插制。通常插制直立式造型，多选用极点为"立足点"，更能展现出直立式造型的挺拔耸立的阳刚之势，如插制倾斜式造型，宜选除极点和A、C点之外的任意各点，如此能保留更多水面和空间，形成不对称式造型，以展现花材的动态美与平静清新的水面之美，或水中倒影之美与水面波纹之美。

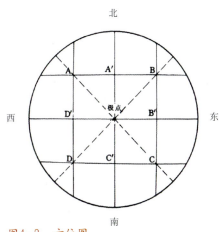

图4-2　方位图

（3）注意季节调整和改变花材最下部与水面之间的距离，通常冬季将花枝低插，少露水面，缩小空间距离，以免增加寒意；夏季则相反，将花枝高插，使其与水面之间空间增大，可以增添凉意与开阔感。始终保持水面的干净利落，才能共同形成盘花的整体之美。

三、盘花赏析

图 4-3 为不同造型的盘花。

图4-3　不同造型的盘花

第二节 在瓶中的应用——瓶花

一、瓶花概述

选用各种瓶器所插制的花称为瓶花。瓶花是中国传统插花的代表之作、经典之作,也是东、西方传统插花中的重要表现形式。在我国南北朝时期,佛经《南史晋安王子懋》中已有铜罂(瓶器)水养插花的记载,至宋、明、清时插瓶花极为盛行。瓶花因瓶身高、形状多变而更显优美,瓶口较小,容花量亦较少,故而对花材质量要求高,以精取胜,常以各种格高韵胜的花材为佳。善于展现各种造型的美与花材的线条美,尤宜展现木本花材多变的线条和姿容的美感,使瓶花更显端庄高雅与高耸兀立之势。

二、瓶花插制要点

瓶花是六大容器中最为高雅优美的一种表现形式,但也是插制较难、技巧要求最精最高的形式,其主要要领为:

(1)用特制的"撒"固定花材,"撒"是由我国清代著名造园家、戏剧家李渔所发明,即用鲜活的木本茎段若干,根据造型需要而

图4-4 撒

捆绑成一定形状，卡在瓶口内壁上，用以堰压固定花枝的方法，此法至今沿用，具有现实的环保生态意义，备受业内人士珍重和发扬光大。如今常用的瓶口"撒"形有一字形、十字形、井字形、V字形等（图4-4）。为使花枝固定更牢，也常在瓶内做撒，上下双固定。"撒"应用的原理主要是借用花枝脚和"撒"与瓶内壁及瓶底之间的作用与反作用力的物理学原理，并使花枝在瓶内和"撒"上共有3个支撑点，就可以牢牢地固定住，不易倒伏。"撒"的应用看似容易，实则难做，必须多实践，熟练则灵。

（2）瓶器的选用务必注意形、色和质地上要与花材的形、色、质地相协调，这是中国传统插花十分重视而要求严格的问题。因

图4-5　不同造型的瓶花

为容器是创作的重要组成部分之一，也是体现中国传统插花表现作品整体完美性之所在。

选用瓶器应注意：①外形轮廓宜简洁、大方，瓶壁上忌雕花、描金、嵌珠、繁耳赘把；②瓶色宜素雅为尚，多用灰、黑、墨绿、暗紫、红紫等色，不可喧宾夺主，抢夺花色，最好瓶色与花色有一定的反差为宜，以便衬托其上花色之美和造型之美。

（3）瓶花下应选配相宜的几座或垫板，以烘托瓶花之美，使其更显高贵之气，完整之美。

三、瓶花赏析

图4-5为不同造型的瓶花。

第三节　在篮中的应用——篮花

一、篮花概述

用各种提篮插制的花，称为篮花。我国先秦时期提篮是用以盛放东西的，何时用于插花，尚无确切记载，但宋代和清代时已广为盛行，如今亦然。提篮常由多种植物的藤条、竹片等轻质材质编制而成，质地轻盈、篮形丰富，又有提梁（亦称篮把或篮系），携带方便，构图灵活、随意，插制简便，备受插花者青睐。除下垂式构图外，其他造型皆可应用，可以表达多种主题与意境，既可丰盛繁丽表达丰收喜庆之意，也可简约清雅展现古朴自然之韵，同时也可营造哀思情感，所以凡开业祝贺、婚礼、生日、节庆以及追悼哀思会都可应用。

二、篮花插制要点

（1）凡编制的篮都会渗水，为免花材失水或向外溢水污染陈设台面，需在插制前作防漏水处理，可在篮底铺垫塑料纸或置放针盘、小碟等，然后根据造型摆放花泥位置，若花材较多，可在

图4-6　不同造型的篮花

花泥上加罩乌龙网最后用铁丝或竹签将花泥固定在篮内,以免提拿运输时摇动。

(2) 选用花材不宜粗大笨重者,否则与篮的轻盈质地不相协调。

(3) 篮花主要是通过篮身内空间及篮把与篮沿表现造型之美,因此应注意发挥篮把的框景作用与留白的美感。不可将框景内空间插满堵死，以增加造型的空间感与灵动的韵味。篮沿具流畅的弧线或简洁的直线、折线，插制时万不可让花材缩进篮沿之内或铺满篮沿之外，应适当让篮沿有藏有露，以增加造型的活泼与层次感。

三、篮花赏析

图 4-6 为不同造型的篮花。

第四节　在缸中的应用——缸花

一、缸花概述

缸是口广、腹大而深（但较瓶浅、比盘和碗深）的容器，古代多用以插制硕大花朵如牡丹、莲花、蜀葵、萱草等花材，由于缸的体积大，容花材量多，造型丰满，结构紧密，颇具雄健气势和凝重美感，宜表现直立式和倾斜式造型。

二、缸花插制要点

（1）宜选用较具质感和量感的枝干作骨架枝，大形花朵作焦点花，其他花材也不可过于纤细，以免与骨架花、焦点花在质地与量感上不协调。

（2）缸花最好用"撒"固定花材，可在缸底放置花泥，其上再加撒；为节省花泥并提高花枝的立足点（一般低于缸沿10cm左右为宜），也可在缸内适当深度架以井字撒或三角撒，然后在撒上放花泥进行插制，总之不能使花材立足点太低，否则造型浸在缸内，不舒展不美观。

（3）缸口不宜插满花枝，应使花材脚尽量聚拢一起，使缸口留出部分空间，显示缸花的幽深感。

三、缸花赏析

图 4-7 为不同造型的缸花。

图4-7 不同造型的缸花

第五节 在碗中的应用——碗花

一、碗花概述

碗花所用的碗器极似生活中的饭碗、汤碗等，其形状多是圆形敞口，两侧壁斜，底部圈足小。据知我国五代时用于插花，但应用范围不见广泛，常用于禅房中，而日本花道中却常见应用。为保持稳定性，碗花最宜选用中心极点插制直立式造型，极富端庄优雅简约之美。

二、碗花插制要点

（1）一般碗器不会过大而较为轻巧，故选用花材量不可多，质地亦不可粗大，否则易产生头重脚轻的不稳定感。

（2）碗花须用花插固定花材，花插大小要视碗底大小及用花量多少而选用，不可过大或过小。

（3）插制时需注意花枝的立足点不可过低，碗大且深时可在花插下垫花泥，提高立足点，并使花枝脚聚集，干净利落。

图4-8 不同造型的碗花

三、碗花赏析

图 4-8 为不同造型的碗花。

第六节 在筒中的应用——筒花

一、筒花概述

筒花在我国古代常使用两种筒器插制,一是官宦放置官帽的帽筒,另一种则是截取竹竿的一段隔筒作容器,以隔腔盛水插花。五代时颇为盛行,因筒器较高,口亦较大,容花量也较多,宜表现气势雄健、宏伟辽阔的景象,尤善下垂式造型,或居高临下的倒比例造型。

二、筒花插制要点

(1) 筒器高,保证稳定性很重要,插制前先要在筒底部放入适当量的沙土或小石块,以防头重脚轻而起配重作用。

（2）筒口及筒内均宜做"撒"固定花材。

（3）以竹筒插花时，北方地区由于空气干燥，竹筒易裂，应妥善解决防裂问题，多选用瓷筒插制为宜。

三、筒花赏析

图 4-9 为不同造型的筒花。

图4-9　不同造型的筒花

中国传统插花作品欣赏